辛鬱 著

神奇跑馬燈

——科學月刊四十年人・事流變

文史哲出版社印行

神奇跑馬燈：科學月刊四十年人·事流變 /
辛鬱著.-- 初版.-- 臺北市:文史哲, 民 98.05
頁： 公分
ISBN 978-957-549-901-3 (平裝)

780.5

神奇跑馬燈

— 科學月刊四十年人·事流變

著　　者：辛　　鬱
出 版 者：文史哲出版社
http://www.lapen.com.tw
登記證字號：行政院新聞局版臺業字五三三七號
發 行 人：彭　正　雄
發 行 所：文史哲出版社
印 刷 者：文史哲出版社
臺北市羅斯福路一段七十二巷四號
郵政劃撥帳號：一六一八〇一七五
電話886-2-23511028 · 傳真886-2-23965656

實價新臺幣一〇〇元

▯九十九年（2009）五月初版

ISBN 978-957-549-901-3　　78023

神奇跑馬燈

——科學月刊四十年人・事流變

辛　鬱

人生如跑馬燈，跑著轉著總有停熄的時候。而我親歷的這跑馬燈，將在熱心參與者的執著與堅持下，不停熄的跑、轉下去；這盞跑馬燈就是《科學月刊》。

在這盞神奇跑馬燈裡面運轉的人們，因爲有愛有熱情所以一批一批輪替著、接遞著操作這盞跑馬燈；有的人四十年樂此而不疲。

愧爲參與者之一，我出的力非常微弱，卻有機緣看著一批批參與者進出跑馬燈，點一把火或者加添些燃薪。令我感慨的是有幾位先生中途退場了，他們臨走之前帶著會心的微笑；因爲他們曾透過《科學月刊》，爲摯愛的這塊土地盡心盡力，他們是黃仲嘉、張昭鼎、楊覺民、顏晃徹、馬志欽、萬家茂等先生。

我本想以小說方式寫這本書，寫了三萬多字，發現不合適，撕了重寫。現在是記事與敘寫並行，所以讀來必然有些枯燥；但能留下一點「真象」，總比不寫好些。

一、

「十月出版社」剛印妥存入一家倉庫等待發行的四萬冊書——共二十種，每種二千冊——遭到葛樂禮颱風的水劫「泡湯」。原本雄心萬丈，想「棄武從文」當個出版人，這一下全完了，正愁看不知如何是好，軍中長官也是詩友的一夫兄，伸來援手，要我參與待成立的「中華電視台」節目部外設編劇小組，寫台語連續劇。我喜出望外，一口答應。就在到電視台報到，同另外幾位外聘編劇小組成員見面的同一天，接到王渝從美國來信，說是她有一群朋友，要在台灣辦科學教育性質的雜誌，信中提到林孝信與楊國樞兩個人。她說，如果我願意參與，先幫忙林孝信把台灣雜誌市場的情況，特別是科學教育性質雜誌有沒有銷路，以及印製費用等等，弄弄清楚寫信告知林孝信。另外又說，楊國樞將回台灣到台灣大學心理系教書，他也許會找我碰面，談辦科學教育性質雜誌的事情。我沒有給王渝回信，但很快就給林孝信寫了封信，把台灣雜誌市場情況等等，簡略告知。到了酷熱的八月，我應邀參加爲辦《科學月刊》的第一次籌備會議，見到楊國樞、李怡嚴，老長官詩友一夫也在座。

就這麼我成爲《科學月刊》發起人之一，但我卻是個科學門外漢，分不清化學與物理。更覺得莫名其妙的是，竟對協辦《科學月刊》上了癮，好像一辦起來就能救處處落後的國家。還有，禁不起一夫的一番話：

「辛鬱，你一個人，房子空著，就讓大家借你家辦事吧。」

台北市光復南路四一九巷五十六號，不到十六坪的宓家，在五十八年八月，權充《科學月刊》出刊前及出刊後五個月的臨時落腳處。坦白說，對當時退伍金泡湯的我來說，那一筆租金不無小補。

而我，也就從臨時編校到業務經理到社長，而在六十年七月，因經營意念與管理階層不同，保留了一個基金會董事名義，離開《科學月刊》。這期間，最堪回味的，是與袁家元合作，推一輛獨輪車從社內載一車《科學月刊》到郵局寄發。獨輪車不易操控，每一次都推得人仰車翻，費盡兩人吃便當的力氣，才一身汗透達成任務。

我於六十八年七月重返《科學月刊》任業務經理，這是後話，稍待再敘。

二、

在「大聲公」等小吃店，還佔據台灣大學沿新生南路一側校地的五十年代初期，我已經進出台大校園不知多少次。不是去旁聽或找人，而是因爲指導我寫詩的覃子豪先生不幸生病——胰臟癌，已頻臨病危，一群朋友都縮手無策，只好聽信郎中的話，找偏方來治。有一服偏方是癩蛤蟆吃煮得熟透的高粱米，再把蛤蟆宰殺蒸熟剁碎餵雞，再殺雞熬湯，給病人喝雞湯。我自抱奮勇陪彭邦楨老大哥抓癩蛤蟆。台大靠新生南路一側有池塘，雜草蔓生，是個好獵場，我白天來偵察地形，傍晚天一黑帶彭老來抓，他拿強光手電筒照明，我負責抓。說來還真簡單，癩蛤蟆見光發呆，很容易到手。當然有時會碰上校警，以爲我們在偷撈池塘裡的魚，就得拿竹筐裡的「獵物」証明。記得就是在抓癩蛤蟆的某個夜晚，認識了王曉波；我也成了台大「校友」——台大學生的朋友。

說這段「典故」，主要是說明我對台大校園很熟，在那時我已知道「物理系」在那個方位，椰林大道是腳踏車競速的好地方。但是，還不知道單車族中那一位是林孝信？他是那系的學生，經常騎去忙什麼？

當然，後來我知道了。

那年頭，校園裡汽車還沒有佔盡路肩，單車是最便捷的交通工具，教職員騎、工友騎、學生也騎。林孝信大概是騎單車頻率最高的學生，他個子不高，臉膛瘦削，說話快速，點子特多。從蘭陽平原來，帶著家鄉的開闊心胸與樸實本性，還有那股迫不及待想做些事來回饋什麼的勁道與氣度。

唸物理系，卻經常出入各系。他騎著單車來回穿梭，在椰林大道、杜鵑花叢周遭，別人也許會停車歇一歇，瀏覽欣賞一下杜鵑花的嬌艷、椰樹的挺拔；他卻沒有興趣。他在想著，怎麼樣說動數學系的曹亮吉、化學系的徐明達、心理系的劉凱申、地質系的陳讚煌……大家一起來辦一件事——一件一等大事。

那時他已經得到同班同學劉源俊的還不十分堅定的支持，因爲在劉源俊想來看來，讀完學分最重要——順利畢業，去美國留學，不就是那時台大同學多數人追求的最大目標嗎？

幫人家辦刊物，提升中學生科學教育；一夥人都赤手空拳，談何容易？然而，劉源俊被林孝信的誠摯、堅持說服了。不過，他不解林孝信何來這個念頭？誰願意接受他們這種念頭呀？這一方面有點不自量力，另方面又有點近似空穴來風！我們還是一群毛頭小伙子，有何能耐？憑籍什麼？想得越多，劉源俊心裡越發惶恐。

林孝信呢？他心中不是沒有問號，但他總往好的方面想；他天性的樂觀彷彿一股用不盡的動力，推他一往直前，這裡那裡，校內校外，全賴一輛單車，他的奔波慢慢見到頭緒、有了效果。劉源俊看在眼前，經於豁出去了，要幫忙就獻出全力。同時，參與的同學也多起來，擴及理學院各系。

五十四年三月十五日，一般人的平常日子，對林孝信卻不然。那天，他在剛落成不久的台灣大學學生活動中心，邀集理學院同學，包括數學系的曹亮吉、陳達、許世雄，物理系的王敦蘇、吳心恆、劉源俊、魏弘儀，化學系的徐明達、許明珠，地質系的陳讚煌，心理系的江清源、劉凱中等開會，討論怎樣辦一個刊物，向高中學生介紹科學。會中決定接洽報社，希望能獲合作，若有所成，則改辦獨立刊物；意見雖然紛紜，卻獲多數支持。於是，快馬加鞭，四月十二日大夥又在學生活動中心討論《中學生科學週刊》事宜，林孝信當場興奮的向大家報告：已洽妥與《台灣新生報》合作，要在該報第六版出半版《中學生科學週刊》，與會的同學都很興奮，願意做義工。

五月二日，《中學生科學週刊》第一期出刊，一直辦到五十六年二月二十七日第八十三期宣告結束。

《中學生科學週刊》的出刊，在當時可說是一項前所未見的創舉，尤其可貴的是，促成這項創舉的竟是一群赤手空拳，還在大學求學的同學；林孝信當然是開路先鋒。

而且，這也是催生《科學月刊》的前奏。

三、

五十八年八月的國內第一次籌備會議，有李怡嚴、楊國樞、賴東昇、賴其鵬、趙玉明、王重宗、宓世森等人參加，會中確定協助林孝信、劉源俊、曹亮吉等留美同學辦《科學月刊》，並且在九月先出一份〇期試印本。當月七日第二次籌備會議在台灣大學數學系召開，決議建立工作人員通訊錄及徵求國內發起人。三天後，在台北市光復南路四一九巷五十六號宓家，召開第三次籌備會議，其時〇期稿件已到，會中決議由李怡嚴、楊國樞爲總召集人。設編校及總務兩組推動〇期編印作業，編校組召集人趙玉明，成員宓世森、陳讚煌、劉凱申、江志樞、康明昌、李怡嚴，總務組召集人劉凱申，成員黃碧端、袁家元、楊國樞（以上負責經理股），楊國樞、劉凱申、瞿海源（以上負責調查股）。

大致就緒後，趙玉明連熬幾個夜班，在宓世森的陪同下，說說笑笑，終於以他多年的編輯經驗，把〇期稿樣編定。其時王重宗與台大理學院吳瑞碧、段乃華、蔡式淵等二十位同學，決定加入，並負起〇期校對工作。

九月十五日〇期出版，大家極爲興奮，在宓家對面一家川菜館以便餐誌慶，那時勞苦的主編趙玉明初爲人父，大家舉杯道賀。趙玉明後來又負責創刊號主編，然後轉任諮詢委員，於五十九底因公務忙碌請辭。現今回想，多虧他拔刀，以多年編輯經驗才使《科學月刊》能以穩實、清新的面貌，進入出版市場。

由於○期的出版，各方面反映良好，預定五十九年一月創刊的腳步就加速了。不論在美國或國內，每一位參與者都投入寫稿、約稿、審稿，以及邀請發起人，徵請贊助、訂閱或宣傳推廣等工作。其中最令人感奮的是預約訂戶人數，已達五千多位。

十一月，社務委員會通過數項管理及編輯工作章程，同時決定了幾項人事任命。計爲：督印人：李怡嚴，發行人：王重宗，主編：趙玉明（一夫），業務經理：宓世森。李怡嚴並爲社務委員會主委，楊國樞爲副主委，黃碧端爲財務監督。另一重要決定爲：日後影響財務穩定的學生訂戶半價優惠。

第○期有一段話：

「不僅要作為學生們的良好課外讀物，也要成為一項有效的社會公器：不但要普及科學，介紹新知，並且要啟發民智，培育科學態度，為健全的理想社會奠定基礎。」

《科學月刊》做到了嗎？這值得深深探究。

四、

設在宓家的臨時社址，在五十九年的頭一天，幾乎被大批的《科學月刊》，眾多的人以及鼎沸的聲音，給擠爆了。不少人向趙玉明致意，他熬夜的代價，有了。幫忙把《科學月刊》裝進紙套的段乃華與吳瑞碧一夥，有說有笑。楊國樞冷靜翻閱這本新雜誌，臉上微微透露些滿意的神色，也有一份自得；因爲他曾參與。

苦的是袁家元與宓世森，裝套後的雜誌要五十本一綑綑妥，然後放上獨輪車。五百本一車，往距離約摸八百公尺的郵局送。兩個人都沒有推獨輪車經驗，路又不平，車子左一歪，右一斜，歪斜之間；平衡難以拿捏；運送一趟，足足耗時四十五分鐘，咋辦？

再怎樣也得破解這難關，袁家元腦子一轉，想到一人推一人扶（兼拖拉），勉強算是解困之道，但運送完將近六千本雜誌，來回十二趟，也真夠瞧！

創刊號在那時確是一個烙印，原先預估一萬本爲最高銷售量，卻一次又一次加印，衝上一萬八千本（後來由代理商退回千餘本，漸漸變成庫藏的隱憂）。記得成功大學的丁履嘉同學，以義務聯絡員身份，一人之力而爲《科學月刊》拉到一千多位訂戶；應當給予掌聲。

記得創刊號在手，宓世森曾經去向退伍軍人輔導會推銷刊物、募款與徵請訂閱，遇上一個官位不大架子十足的官員，一臉官氣一口官腔官調，惹腦了脾氣急燥的宓世森，幾乎吵起來，幸而來了位處長，問明原由，答應簽報上級訂閱若干份送附屬事業單位參考。宓世森也跑了青年救國團以及軍事機關，收穫不多。

李怡嚴那時一來台北（他是清大物理系教授），小坐片刻，就由宓世森陪同去募捐，對象爲台電、台糖、中國石油等國營企業；有收穫但不大。

前面曾提及庫藏問題，果然在五月發生了；宓家太小，不能不找大房子。五月底搬到台北市光復南路十七巷四十號之一，房子大不少，社長、編輯、財務、經理都有安身處，袁家元也有了一間小臥房。當時，每個月發書的問題仍未解決，不過，到郵局的路程縮短許多，袁家元與宓世森少吃些苦頭。

五十九年底，台北市科學出版事業基金會正式成立，《科學月刊》的制度化，開始慢慢建立。但有一個隱憂也漸漸顯露——訂戶在流失，財務吃緊！

其時，中興大學教授陳國成適時參與，清大張昭鼎、楊覺民、台大黃仲嘉、王亢沛、劉廣定教授等也紛紛投入，此外還有石資民、石育民等，或參與社務，或擔任編務，或籌組出版部，或規畫圖書出版等事宜。《科學月刊》的義工群，在那時慢慢凝聚，形成一股巨大的支撐力！

六十年二月社址遷到光復南路四五九號二樓，先由石育民籌組編輯委員會，再由石資民、陳國成、劉凱申三位籌設出版部，準備以圖書出版增加收入，來支持《科學月刊》學生訂戶的半價決策。這是引起宓世森（時任社長）求去的原因；七月，宓離職，任基金會董事。

談到陳國成教授，他的熱心參與及多次爲《科學月刊》經營困難而想方設法，籌謀解決之道，至今仍爲大家所感佩。六十年代，他創辦《自然》雜誌並獨力經營，在教學繁忙中，始終維持刊物的按期出版。而其內容又重在國內環保問題，引入國外先進環保觀念與務實作法，供國內參考，非常難能可貴。他爲人懇切，對所堅持的想法，不論什麼場合，何等處境，他都極力護持，非經協調決不妥協。例如科學的推廣，主張多用「中國話」來寫、來說、來討論，積極推動和改進科學語文研究；

創新字形、建立科學語言和加強新名詞、術語的翻譯與訂正。對《科學月刊》的協助可用「義不容辭」四字來概括。當年，他曾建議設立「科學圖書社」，作了非常翔實的計畫。重點爲第一出版「編譯科學論叢」，第二「科學月刊選粹」，第三「科學名著選譯」，第四是「教科書與輔導讀物」的編寫。每一部份都列舉書名、類別與編寫（譯）者。但因財力因素，除了「科學月刊選粹」較易編印，其餘都只能部份推動。基金會決定暫停投資印書；陳國成或有「壯志未酬」的感嘆。

六十年八月編輯委員會改組，由黃仲嘉任總編輯，王亢沛任副總編輯，編委爲石育民、汪群從、胡芷江、胡達開、楊國樞、楊覺民、劉廣定。吳宗錦任執行編輯。六十一年七月，王亢沛接任總編輯。六十二年一月，基金會改組，新任董事爲李怡嚴、張昭鼎、楊國樞、楊覺民、王亢沛、陳國成、劉源俊、劉兆玄、羅行（時爲科學月刊義務法律顧問）、薛昭雄、林仁混，張昌鼎任董事長；此爲《科學月刊》進入另一階段的開始。

五、

新階段，必然有幾位新的參與者投入心力來開創。張昭鼎、劉源俊與王亢沛、劉廣定四位，是這群新參與者的核心。他們備極艱辛，逐漸為《科學月刊》建立制度。

當時，《科學月刊》因為銷售數量下降，訂戶月減，經營倍感困難，連編輯人事費與稿費都難支付，不得不與「台灣科學出版社」（王重宗負責）簽約，由後者承接科學月刊業務，每月支付二萬六千元，作為上述費用。但只合作四個月，「台灣科學出版社」不堪賠累，結束合約。《科學月刊》業務由石資民負責（時任基金會秘書及出版部社長）。

劉源俊於六十二年學成回台，任教東吳物理系，除立即參與《科學月刊》編委會，他也是另一份由回國學人（社會科學為主）共同創辦的《人與社會》雙月刊社的副社長，該刊當時正籌辦中。宓世森（任人與社會主編）在那裏與劉源俊結識，久之總成莫逆。

劉源俊健穩、謹慎、堅毅的性格，充分在工作時顯露出來。但健穩謹慎並非保守，它有積極的一面。

張昭鼎則是另一類型，他以謙和的笑臉來應對事件，具備十足的說服力，在董事長任內，曾兩次說服宓世森不要另謀高（他）就，他有一句實在話：

「事情總要有人做，吃點小虧莫計較。」

不知道他人怎麼看張昭鼎，宓世森總認爲：張昭鼎頗具慧心，能領略「圓」的箇中三昧。

接任董事長，就非投入不可。所以，無論怎麼忙，他總會抽出時間爲《科學月刊》設想，凡是能使《科學月刊》「有利可圖」的，他一定盡力爭取。國科會、教育部以及各大報社，他人面廣，有機會就爲《科學月刊》爭取些「蠅頭小利」，讓《科學月刊》能夠生存下去。

當然，這更需要所有義務參與者的協助，辦好一場研討會，辦成功一次通俗科學演講，點滴積聚；《科學月刊》的實質存在，是義工們犧牲奉獻的最大回饋，也是辛勞的「作育英才」之後，最大的安慰。

王亢沛於五十九年八月應聘到台大物理系任教，在這之前，他在加拿大多倫多大學從事研究工作，因此對《科學月刊》的籌備和創刊，一無所悉。回台後需要時間熟悉環境、安頓家庭以及準備教材，有將近一年時間在忙碌中度過。當時在同事之間曾聽聞《科學月刊》一般訊息，略知這份刊物在學生群中受重視的狀況，同時他也認識李怡嚴、楊國樞等參與創辦的朋友，卻總覺無力參與，只想單純的做一個讀者。

但是從願不易，六十年六月，沈君山從新竹找上王亢沛，爲的是《科學月刊》。王亢沛在自述中說：

「當時釣魚台運動還很熾熱，不少參與科學月刊的留學生因積極涉入，而無法再為科學月刊提供穩定的稿源。大家都很憂心，認為要使科月持續發展，其重心應由海外轉移到國內。為此君山兄代表科月很誠懇邀我擔任總編輯。這項使命來得相當突然，一時不知如何回應，我請他給我一點時間思考，再給他回覆。」

「回國一年的經歷，使我親身體認到國內教育，尤其是科學教育需要改進的地方真的不少，需要有人參與。而科學月刊的宗旨，諸如普及科學教育、促進科學研究與發展等等，正是我選擇回國工作的原因。於是我決定不再做一個旁觀者，加入科學月刊和一群志同道合的朋友共同努力。當時科月正面臨稿源不足、銷路下降、財務吃緊的困境，我認爲總編輯宜由一位資深有人望的學者擔任。而我回國不到一年，對國內的人和事還不夠熟悉，最好先參加編輯委員會見習一段時間。第二天我向君山兄表達了這樣的意思，最後科學月刊決定先讓我從六〇年八月起擔任一年副總編輯，第二年再接總編輯職務。總編輯則由台大動物系黃仲嘉教授擔任。黃教授是位謙謙君子，對我充分授權，給我很多學習機會。」

王亢沛於六十一年七月接任總編輯，六十二年七月由劉源俊接任。在兩年（包括一年副總編輯）掌理編務期間，對《科學月刊》最重要的貢獻，是在基金會董事長李怡嚴的掌舵下，共同將科月成功的從海外移轉國內。從此，在管理與編務兩方面，全由國內參與者經營與處理。

王亢沛覺得，稿源穩定的最佳途徑，就是經常設計並規劃「專輯」，請某一學門某一研究領域的一位學者專家主導，徵請同道撰稿。他舉六十一年十二月的「癌症專號」爲例，不但廣受讀者推許，更被多方引用。

張昭鼎接任基金會董事長，劉源俊接任總編輯，六十二年七月開始，《科學月刊》的新經營團隊，是否會別創新局呢？在當時，財務情況更爲吃緊，李怡嚴曾多次以贊助方式來解困，但只能解一時之急。這種情形下，願意自抱奮勇，爲《科學月刊》的存續與否挺身而出，能不爲他們拍手甚至喝彩嗎？

六、

儘管在總編輯交接時，王亢沛面對劉源俊時曾戲稱：

「我是光緒，你是宣統。」

乍聽此言，似乎江山將潰，一切難再挽回。但王亢沛還是留在《科學月刊》當編輯委員；他相信張昭鼎與劉源俊，在所有參與工作的義工，包括基金會董事與所有編輯委員的全力支持下，一定能讓《科學月刊》挺立。

窮則變，變則通，《科學月刊》在六十二年七月至六十五年七月，爲了維持刊物的出版，張昭鼎、劉源俊與社長石資民，真是想盡辦法開闢財源、籌謀經費。三年間，曾先後採取以下措施因應危機。

一、開設工專書局，作爲科學月刊及圖書門市部。

二、請沈君山主持與華視合作之「科學天地」教學節目（共二十八集），並出版《科學天地》彩印書兩冊。

三、多次調整售價，學生訂戶不再以半價優惠。

四、接受委託代爲翻譯外文專利申請案件。

五、嘗試辦理兒童科學研習班。

六、裁員。

七、兼營書店，名「科學圖書社」。（其時「工專書局」已結束）。

八、向各董事借款。

九、由「科學圖書社」（後改名「自然科學文化事業公司」，由石資民辭社長職後經營），負責經銷已出版或規劃中待出版的各類叢書。

十、請曾惠中、張之傑、吳惠國、江建勳、王清澄等人編寫自然叢書。

十一、創終身訂戶辦法。

所有措施，只有「終身訂戶制」產生較大的濟急效果，使《科學月刊》社人事都，趨於穩定，並在管理與經營上，也慢慢步上軌道，往後不論那一位擔任負責人，都有軌跡可循。

六十五年七月，編輯部採由編輯委員輪值總編輯制，一任兩個月（亦即負責兩期的內容規劃），此一變革使刊物內容更加繁豐，「專輯」類別與內容亦更加精彩。另請張之傑擔任副總編輯，為編務規劃與稿件統籌。改制後第一任輪值總編輯為劉兆玄，劉源俊任編輯委員兼社長，統籌社務。

改組後第一件激起所有參與者信心的，是終於在多次奔走後，台灣省教育廳與台北市教育局，開始訂閱《科學月刊》，贈送各高中、國中的圖書館。年底，《科學月刊》獲得第一屆雜誌金鼎獎。六十六年一月，劉廣定輪值總編輯，他在六十年夏就參加編委會，經常出席會議，寫稿並審稿。擔當編輯工作的總其成者，這還是第一次。兩個月任內，在「榛樹林」舉辦的「作者聯誼會」，可說是一項創舉。不久，張昭鼎把他買的位在台北市雲和街七十九之一號四樓的房子，無償提供《科學月刊》使用，《科學月刊》才算安定下來，財務狀況亦略見好轉；張昭鼎與劉源俊都鬆了一口氣。

「雲和街階段」自六十七年二月到七十一年十月，長達五年八個月。其間人事變動主要在編輯委員會，與社務委員會的設立。編輯委員會首次變動，是將輪值總編輯改爲編委會主席（二個月任期），綜理編務的副總編輯改爲總編輯，仍以綜理編務爲主，先後由謝瀛春、任秀姍、曾惠中三位擔任。社務委員會於六十六年三月經董事會決議成立，其任務爲決定經營方針並爲社長的諮詢機構，每月開會一次，由社長（時爲劉源俊）召集之。首屆社務委員有張一蕃、茅聲燾、曾惠中、江建勳四位。六十七年七月，社務委員改爲九名，除社長（劉源俊）外，社委爲王顯達、江建勳、宓世森、茅聲燾、張一蕃、張昭鼎、游來乾、盧志遠。六十八年七月，盧志遠任社長、社務委員劉源俊、雷敏宏、游來乾、張昭鼎、茅聲燾、江建勳、王顯達、宓世森（業務經理兼）；這是宓世森離開八年後重返科月工作。六十九年七月社務委員會第三度改組，王顯建、茅聲燾、游來乾改由周成功、袁家元、瞿海源接任。這是周成功從讀者、作者進而爲義工的首次參與，他同時兼任編委。

社務委員會的成立，對《科學月刊》除編務外的各項工作推動，確有許多助益，例如：

決議與「文復會」合辦「通俗科學講座」，共兩年五個月四十一場次。協助楊德旺成立「尊親科學文化教育基金會」，並協助辦理「第一屆科學才能少年選拔」（張昭鼎主持，劉源俊、劉廣定等參與）往後曾多次協辦。

在陽明山苗圃童軍營地舉辦讀者夏令營，為期三天。

在慶齡工業中心舉辦「科技政策座談會」。

籌辦《科學月刊》創刊十周年紀念活動，會中分贈來賓紀念文集及精印的十二位大學校長題贈祝詞的紀念書籤。

編印出版《化學災害處理手冊》一書。（張昭鼎、雷敏宏、曾惠中、朱維鈞負責編輯。）

決議並規劃設置「通俗科學寫作獎」。

出版曹亮吉著《談數學》、《益智集》、《微積分史話》三書，以增收入。

決議重印第一至第五卷及第九卷合訂本，以滿足訂戶收藏需求，同時增加收入。

王亢沛董事推介「科學月刊叢書」給中正書店，基於需要決議由宓世森任出版部社長，統籌叢書出版作業。並由盧志遠、曾惠中、宓世森訪晤正中書局總編輯顏元叔，洽談叢書出版事宜。

由張昭鼎代表主簽「圖書版權出讓合約」，要點如下：一、科學月刊第一至第十二卷內文章，依類別、性質編成專集五十至六十冊，由正中書局印製並發行。二、合約有效期限為十年。三、叢書定名為：學生科學叢書。四、每書以十萬字計，稿費四萬元，另付版稅為訂價百分之十，圖片另計。

周成功於社務會初次提出創辦《科技報導》構想，獲一致支持。決議請周成功擬定創辦宗旨及做法，包括內容、版本、稿源及編務執行、發行對象等。再經討論作成建議案，送請董事會裁決。

七十年九月董事會決議，同意創辦《科技報導》，由周成功負責，徵聘曾惠中為發行人，並即辦理出版登記。

訂定「員工服務規程」。

修訂「廣告作業規則」，以應《科技報導》出版後的需要。

「正中書局」版「學生科學叢書」的出版，與《科技報導》的創辦，為七十年代初始，財務狀況極度緊迫，頻臨危機的《科學月刊》，下了一場及時雨。這場及時雨，是王亢沛與周成功兩位帶來的。

「學生科學叢書」出版，起因於台大外文系教授顏元叔，獲聘出任正中書局總編輯。顏教授上任後亟欲擴充「正中書局」圖書出版內容，特別是通俗科學一類。他想到台大同事王亢沛，不但舊識，還常一起散步；他把這個想法告訴王亢沛。後者一聽之下，立刻想到《科學月刊》。

王亢沛向顏元叔介紹了《科學月刊》，顏的回應出乎王亢沛意料的快——他請王亢沛轉告《科學月刊》，希望短期內擬訂一項草案，說明《科學月刊》第一至十二卷具體及分類內容，請專人到「正中書局」洽談。

那時王亢沛除專任董事，因教學繁忙已暫時退出經營第一線，然而對「正中書局」這件事，覺得有責任與義務從旁促成，就立刻找到張昭鼎與時任社長的盧志遠。

幾天之後，一份出版草案由宓世森擬妥，通過社務委員與基金會董事聯席會議討論決定，經「正中書局」同意簽約，這一項大規模的出版作業順利展開。

王亢沛在作業全程，一直關注進度但不干預，終使叢書按時出版，他這種精神的投入，令宓世森倍加感佩。

周成功創議《科技報導》出版，初期從內容規畫、約稿寫稿到廣告招刊、贈閱對象名單建立，甚至編務的實質參與，忙得不可開交。但他仍態度從容，一手承擔；看在宓世森眼裡，真不他吞了什麼仙丹靈藥，得有如此旺盛的精神體力。

《科技報導》在七十一年一月創刊。四月，盧志遠辭社長由周成功接任。

在《科學月刊》第四十卷七期，周成功有一篇文章：「伴我成長的科月」中，談到當年如何接觸科月，以及受科月感召的一段過程，說的是肺腑之言。他在《科學月刊》遷入雲和街的第二年參與義工行列，不久，由於熱情的全心投入，而成爲經營者之一。他在自述中說：

「六十八年暑假，我從美國回到台灣，在中研院生化所任職。當時台灣知識界的氣氛是低迷而苦悶的；我以爲回到自己成長熟悉的故鄉，但卻好像又踏入另一個全然陌生的異域。在這種情況下有一天我看到街頭書報攤上的《科學月刊》，彷彿看到了久已失去音訊的故知。在興奮之餘看見版權頁上列名社長的盧志遠，更拉近了我和科月的距離。志遠兄是我在哥倫比亞大學參加松社活動時認識的好友，平日常在一起討論回台灣以後該做些什麼。另一個熟悉的名字映入眼簾的是張昭鼎，他曾受邀到哥大清華校友家中一聚，在那次聚會中再次聽到科月的發展而使我印象深刻。有了這二個熟悉名字，使我鼓起勇氣撳下科月在雲和街的門鈴，一腳踏入了科月全年無休的編輯與社務工作討論。」

「七十一年四月接任科學月刊社長是個意外，盧志遠社長當時在交大任教，因爲年度休假要到美國北卡進修，就理直氣壯的把社長棒子擊出來。這似乎是科月的傳統，誰最先不忍心看到棒子落地，就得說：I do！今天回想自已在科月社長這段時間裡，其實作了許多輕率或不成熟的決定。在這裡我要爲我過去在科月作事時，對科月所造成的一些人或事和傷害說聲抱歉！但在另一方面參與科月的活動，也讓我交識了許多終身的益友。」

「李國偉兄給科月四十周年紀的定調：理想、啓蒙、奉獻，明確點出五十年前我加入科月的心境，同時也繼續支持了我未來會在這條道路上，繼續努力付出的信念！」

周成功在自述中虛懷若谷的氣度，令人感佩。在宓世森的印象中，他每次進科月辦公室，總會讓原先有些沉悶的氣氛轉爲開朗，他總是帶著笑意說話，一旦笑出聲，立刻讓別人也感染他的喜樂快意。

對科月，他不但首議創辦《科技報導》，還爲出版部寫書，一度在《科學月刊》上，幾乎每期都有他的文章。社長任內，科月以「學生科學叢書」版稅及《科技報導》廣告收益，購置第一幢房舍。他七十一年四月上任，十月搬進了新社址；科月在那時開始第一個「黃金時期」。

因爲經費較爲寬裕，經基金會董事會同意茅聲燾董事提議，請王亢沛、楊國樞董事協辦《國中生》月刊的出版事宜，並於七十二年九月創刊。此外，以台北縣中小學自然科教師爲對象，與台北縣政府合作舉辦六場「科學扎根」系列演講。至於爲專題性或一般性科學教育與科技發展問題，而舉辦的研討與座談會共五場次，每場次都有豐碩收穫。

七、

進入「羅斯福路時期」的《科學月刊》、在經營上因創辦《國中生》月刊而稍嫌混亂。義工群都瞭解把科學教育往下延伸的必要性，但是對國中教育，尤其是國中科學教育的瞭解並不深入。因此在設計並制訂「不爲聯考」而純爲「提升科教」的《國中生》的內容方面，遭遇不少無法預想的困難。特別是讀者對象爲國中生，如果《國中生》內容全不與聯考相關，國中生會喜歡嗎？接受嗎？尤其是國中生家長，會訂閱這麼一份理想性太高、現實性太低的課外讀物嗎？這種憂慮不單是當時已由出版部社長轉任《國中生》社長的宓世森有，恐怕義工群的教授，也有人會疑惑不解吧？

宓世森同時還兼任《國中生》總編輯，雖然稿件由張元教授等規畫設計後提供，身爲總編輯總不能事事袖手吧？他爲求了解市場需求，順便也去開拓銷售市場，跑了台北、桃園、南投、嘉義等有朋友在當國中教師或校長的縣份，得到的資訊反映在《國中生》編社務會上，卻似乎不被滿懷信心的編委與社委接納，只好硬著頭皮幹下去；但未久辭職。

半年下來，募得的捐款及董事會撥付的經費用完。經協商，董事會決議《國中生》月刊再辦半年，到七十三年八月又決議續辦半年，直到七十四年三月，終於不支而停刊。這二年，不免使《科學月刊》元氣有傷。

七十二年十二月，延宕了許久的基金會變更登記案，終於獲得台北地方法院民事裁定准予變更。於是，快馬加鞭，宓世森奉派暫以秘書身份，籌辦基金會董事改選，歷時兩個月，於七十三年三月完成。是爲台北市科學出版事業基金會第二屆董事會，董事人選爲：董事長張昭鼎，董事王亢沛、沈君山、李怡嚴、林仁混、茅聲燾、楊國樞、劉兆玄、劉源俊。聘用宓世森爲秘書。董事會改組完成獲准運作後，《科學月刊》與《科技報導》亦完成改隸登記，免除稅務問題。

七月，曾惠中辭總編輯，由江晃榮接任。七十四年一月，編輯委員會再經改組，由朱建正、李國偉、曹亮吉（數學組），古煥球、陳國鎮、劉源俊、顏晃徹（物理組）、方俊民、張昭鼎、彭旭明、儲三陽（化學組），周成功、林飛棧、曾惠中、黃仲嘉、黃啓穎、蘇益仁、譚天錫、嚴震東（生物組），林銘崇、徐言、馬志欽、陳文咸（工程組），張長義、葉永田、楊昭男、劉康克、蔡清彥（地球科學組），王道還、洪萬生、劉廣定（科學史組）等任編輯委員。

此外，社務委員會同時改組，社長周成功，社務委員江晃榮、沈君山、李怡嚴、宓世森、馬志欽、郭允文、曹亮吉、張昭鼎、劉源俊、劉廣定、謝瀛春。

大改組後，馬志欽在社務委員會議中提出舉辦「暑期科學研習班」構想，以在學高中生爲對象，後爲師資問題，改爲「高中新生暑期科學研習班」，以本年考取高中同學爲對象。班次設爲數學、物理、化學、生物、資訊、心理六組，原定八月初起在台灣大學各相關科系開班。由於在各科系上課管理不易，乃將數學、物理、化學、生物四組、借台大視聽教育館上課，資訊與心理兩組，則因系館與視聽館相近，分別在資訊科學系與心理系上課。第三次舉辦此項活動，班次改爲數學、物理、化學、生物、地球科學五組。

「高中新生科學研習班」一直辦到八十八年，才因招生困難（其時這類型的研習活動除坊間大量出現，多所大學亦主動開班）而停辦，在十五年內，對於提供學生一個優質的學習環境，爲他們打好學習基礎，曾得到學生家來函感謝。這一專爲高中新生辦的學習機會，科月社也曾在各地社友的熱心協助下，分別在東吳大學、台中中興大學、彰化師範大學、高雄中山大學、台南成功大學舉辦，其中成大地球科學系教授余樹楨，從八十一年到八十八年，每年都爲《科學月刊》在成大設班，熱心令人感佩。

七十四年八月周成功辭社長職，董事會聘劉源俊接任，這是劉源俊第二度挑起經營者重擔。九月，社務委員會改組，宓世森、馬志欽、曹亮吉、郭行余、張昭鼎、劉康克、謝瀛春等任社務委員。社務會議決議：強化推廣工作、爭取代辦業務、籌辦「科技一九八六——回顧與展望」座談會、草擬《科學月刊》二百期慶祝活動辦法、籌辦「正中書局」版「學生科學叢書」六十冊全部出版慶祝與展覽活動等。

次年一月，「科技一九八六——回顧與展望」座談會，在台灣師範大學活動中心二樓舉行，到會學者專家數十位，情況熱烈。五月，「學生科學叢書」六十冊與《科學月刊》及科月社本版叢書，假台北市忠孝東路「金石堂」書店展出，劉源俊主持並導覽，展出次日以《科學月刊》是一本什麼樣的雜誌爲主題，作二小時演講並答問，聽眾多爲學生，情況熱烈，反應非常好，當場由多位聽眾訂閱《科學月刊》。當夜，宓世森是聽眾之一，曾多次爲演講內容的精采鼓掌。

《科學月刊》二百期出版慶祝活動，是七十五年的重頭戲。義工群在張昭鼎與劉源俊號召下，紛紛投入行動。精心規畫、內容豐富的專輯在八月號刊物登場，刊物增加十六頁篇幅並增印五百冊。另一方面，五場「學術講座」已領先在七月下旬推出，主講人爲楊國樞、鮑亦興、李遠哲、吳大猷、王倬等五位，中國時報贊助經費，在師大綜合大樓演講廳舉行。第三項活動，在台北金石堂書店公館及忠孝店舉辦二百期紀念書展。

九月，劉源俊辭社長，聘請曹亮吉接任，並兼爲出版部、《科技報導》負責人。

七十六年一月，董事會改選完成，第三屆董事當選人爲：董事長張昭鼎、董事王亢沛、何壽川、周成功、曹亮吉、楊國樞、劉源俊、劉廣定、謝瀛春。候補董事馬志欽、劉康克。董事何壽川爲企業家，熱心公益，認同《科學月刊》創辦宗旨，所以提供台北市重慶南路二段七十五號十樓房舍之一部分，供基金會免費使用五年（僅負擔水電及管理費）。《科學月刊》因此將羅斯福路房舍出租，增加收入以彌補日常開支。

五月，由宓世森洽辦，在「中央日報」副刊開闢科技專欄，劉廣定寫第一篇、曹亮吉、馬志欽、周成功、劉源俊、張昭鼎等均曾寫稿。九月，曹亮吉辭社長職，張昭鼎急聘劉源俊代理社長，七十七年二月真除代理，並兼出版部與《科技報導》社長。第三度奉獻，對劉源俊來說，義不容辭。

曹亮吉是《科學月刊》原始發起人，他以阿草筆名寫數學方面文章，先後出版《益智集》、《談數學》、《微積分史話》等書多種，以銷售所得，協助《科學月刊》使財務困窘稍告解除，得到參與者群的一致感念。

七十七年四月，劉源俊偕同宓世森，接獲董事會交議，研擬「科學月刊社章程草案」，探究設立學術性社團的可行性。草案參考早年研擬的「科學月刊社社章」（劉源俊主稿），及「消費者文教基金會章程」，全案計十八條，基本精神在將雜誌社改組成爲一社團。

六月，再度與「中國時報」合辦「科學講座」五場次，從六月二十七日到七月十八日，請中央研究院院士王倬、朱經武、李遠哲、項武忠、錢煦五位主講。

八月，同意與中國化學會合資編印「化學元素週期表」掛圖，以銷售利潤貼補辦活動的必要開支。

九月，宓世森乘返鄉探親之便，代表科月社達成與上海出版的《科學》雜誌交換刊物，及相互轉載文章的協議。

十月，董事會決議，通過「科學月刊社章程草案」修正本，並原則決定七十八年二月召開會員大會，完成科學月刊社的改組。董事會並附帶決議，章程須先經會員提供意見，彙整後定案。

十二月，《科學月刊》原始發起人林孝信回國，十七日參與編委會，與多年老友及參與義工群會面。

七十八年一月，「科學月刊社章程」經會員提出修訂意見後，彙整定稿印製成冊，待會員大會備用。

二月，科學月刊社會員大會在中研院原分所召開，對改組後的組織型態、章程、入會資格、贊助年費等重要討論事項，達成決議。

1.組織型態：保持現有以「基金會」為主體，逐漸轉移為「基金會」與「社團」並重的型態，有關章程修訂、法定手續等，責成社務委員會先行研擬。

2.入會資格：依照現有章程辦理。

3.贊助年費：暫名為「過渡期贊助費」，金額定為一年新台幣一千元。

董事會於二月二十五日會議中決議，科學月刊社改組依據章程除原設社務委員會，編輯委員會外，另增設出版委員會、教育委員會、學術委員會、科技發展委員會。各委員會的組成，除社務委員會委員由會員選舉產生，其餘各委員會，均由會員依意願與興趣參加，每一會員最多可參加三個委員會。各委員會除社務委員會有名額限制，暫定十三人外，其他委員會設召集委員一人，召集委員得爲社務委員，委員人數不限。社務委員會設社長、副社長。編輯委員會召集委員兼爲科學月刊總編輯，其人選須經董事會備查。

轉型後第一屆社務員當選人爲毛玉麟、江逸民、宓世森、金傳春、徐言、馬志欽、袁家元、姜善鑫、張昭鼎、郭行余、劉康克、劉源俊、劉廣定。經提名張昭鼎、劉源俊，劉廣定爲社長候選人，票選由張昭鼎當選。張昭鼎提名劉源俊爲副社長，獲一致同意。另選出各委員召集委員；編輯委員會劉康克、出版委員會姜善鑫、教育委員會劉源俊、學術委員會劉廣定、科技發展委員會張昭鼎。

編輯委員會改組，新任委員爲：劉康克（召集委員兼總編輯）、方俊民、亓允文、朱建正、江建勳、江晃榮、李重義、李慧梅、周成功、周定一、周仲島、周昌弘、吳俊宗、洪萬生、胡進錕、姜善鑫、徐言、徐玉標、馬志欽、曹亮吉、曹培熙、張長義、張尊國、陳昱瑞、陳益明、陳國成、陳國鎮、黃一農、曾惠中、傅大爲、趙文敏、劉仲康、劉家瑄、劉源俊、蘇益仁、謝瀛春、魏耀揮、儲三陽。

改組完成，士氣大振，各委員會紛紛提刀上陣，各項活動的計畫案一一送到社務委員會，張昭鼎公務太忙，不得不請劉源俊分勞。劉源俊其時還兼代總編輯（劉康克要到七月才上任），幾乎每天從士林東吳到重慶南路二段。好在宓世森還能幫上忙，有些一般性的作業，就交到宓的手上，兩人通力合作，把待辦事項逐條列出，排妥先後次序，或送社長張昭鼎，或交請社務委員會議定奪。

這些事，有不少對《科學月刊》影響甚大。

譬如出版委員會規畫，承接由國科會委託編印的「重點科技簡介叢書」事項。這個案子，先由社務委員郭行余在社務會透露，當時有委員考慮有無人手及能力承接的問題，後來考慮到科月的財務狀況，如接下案子，可能會對科月財務大有幫助。馬志欽對此作了分析，鼓勵接下案子，人手可以找，甚至接下再外包，只要有利潤就行。討論結果：接！並且推請劉源俊與宓世森訪晤國科會承辦處，了解狀況並能從速承接委託。事情經由郭行余的協助有了好結果，科月接下委托編印「重點科技簡介叢書」，由宓世森為聯絡人並策劃作業。

（回想起來，這件案子對《科學月刊》真是大有好處，叢書採三十二開本橫排、銅版紙全彩，共承接七套，每套從八到十三冊不等，每冊印量二萬本。科月社只負責編印，間或因圖稿與作者聯繫，不管發行寄遞業務。依全案收支來說，科月社因此而購置第二幢房舍。）

第二件事是學術委員會提案，舉辦「紀念『五四』七十周年研討會」，以「科學的人文省思」爲主題，因籌備得宜，很順利的達成任務。

第三件事爲籌畫並舉辦《科學月刊》創刊二十周年慶祝活動。這項活動經由會員的協助設計，從單一的餐會、專題演講，擴大爲募款餐會，在台北市建國南路「聯勤俱樂部」舉行。餐會發行價值二千元的「榮譽贊助劵」二百張（由何事壽川董事贊助），除少許外，均提供台北縣市高中贈予資優同學參加餐會，並聽取李遠哲院長演講，觀賞《科學月刊》出版圖書及會員著作陳列展。餐會活動外，另舉辦「科學傳播」研討會，與新聞媒體界朋友交換意見，各方均有獲益。《科學月刊》更以加頁特刊面世，並編印「紀念文集」，分贈餐會及研討會來賓。

《科學月刊》二十周年，各方紛紛致賀，尤以「遠見雜誌」及「自由時報」，以大篇幅刊出專訪與報導，對所有義務參與者，深具鼓舞作用。馬志欽曾在閒談中說：

「終於有人注意我們了，再加把勁幹下去！」

聲音裡有幾分自得，些許激動。

時序轉入七十九年，第三個十年跨出第一步。《科學月刊》以加頁特大號面世，向讀者賀年。並且爲了持續對教育問題表達關心，教育委員會在連續舉辦五次座談會之後，完成了一份文件「請勿用一代學生當試驗品——我們對『高級中等學校自願就學方案』的看法」，向學界徵求連署發表。

二月，在原分所召開第二屆社員大會，決議定名爲「科學月刊社理事會」。會中訂定「雙月聚會」辦法。

八月，社務委員會改組，成員爲社長張昭鼎，社務副社長毛玉麟，社團副社長周成功，委員姜善鑫（編輯委員會召集委員兼總編輯），劉源俊（教育委員會召集委員），劉廣定（學術委員會召集委員），林和（科技發展委員會召集委員），宓世森（出版委員會召集委員），李重義、李國偉、劉康克、袁家元、馬志欽、黃榮村、魏耀揮。

八月，由林和規劃「民間科技會議」。

十一月，社址遷回羅斯福路三段一二五號十一之四樓。

邁入八十年代的《科學月刊》，在刊物版面及編排技術方面，經由多次調整，已有多重改善。八十年社員大會，不但通過了「科學月刊社章程修正案」，也對《科學月刊》版面及內容提出檢討，足見大家求好心切。

第一屆「民間科技研討會」（前名「民間科技會議」）召開後，所發表的論文已由林和彙整主編並出版。

經王亢沛促成，「李國鼎科技發展基金會」將以經費支持，與「科學月刊社」合辦「李國鼎通俗寫作獎」，第一次預定八十一年年中舉辦。科月前曾在創刊十周年時，舉行兩次「通俗科學寫作獎」，第二次在十周年慶祝會上，請東吳大學老校長端木愷先生頒獎，造成轟動，後因經費無著，暫停舉辦。今獲經費支持再辦，多位義務參與者均感欣慰。

年底，邀請來台訪問的前北大教授方勵之，在師大演講。當日有一插曲，演講進行中，劉源俊一只裝有重要文件的手提包，放置後台休息室，竟遭一身材瘦小中年人混入室內竊走。正當小偷將手提包從窗口扔向下面草叢時，被洗手間出來的宓世森發現，驚叫有賊！丟包人聞聲拔腿就跑，宓世森急步追趕，小偷跑出綜合大樓，檢起草叢中的手提包，這一躭擱，被宓世森追至只差三步。小偷跑，宓世森大喊小偷飛步追去，前面十公尺剛好有一警察派出所，小偷警覺立刻將包丟掉，左轉逃入一條巷內。此時宓世森已跑得氣喘吁吁，見小偷將包扔下，也就不再追趕，見機就收，拾起劉源俊那只可能很重要珍貴的手提包，喘著氣走回綜合大樓。演講會還在進行中，不過劉源俊大概已聽到宓世森大喊有賊，正在休息室不安的張望。對宓世森來說，多了一個抓賊的經驗也多一份寫小說材料。

轉眼八十一年，《科技報導》創刊滿十年，周成功最感欣慰；因爲他當年的判斷沒錯。這份小報型的開放性雜誌，篇幅有時多達五十幾面，委刊的廣告量極大，編輯爲了增加版面，相對的必須增加內容，稿件難找，真是傷透腦筋。

第一屆「李國鼎通俗科學寫作獎」演開台戲，獎分兩類，一爲通俗科學寫作，一爲科技新聞報導。（後來增加科學電視節目獎）。獎額有一至三名，另加佳作，設獎金（在當時不算小數目）。評審分初複決三審，初審由承辦人以是否符合甄選辦法為檢審標準，複審請學者專家（皆為青年一代會友）數名，評出較優推荐入決審。決審由資深會友數名擔任，先個別評審，再以會議方式集中評審，選出最優作品。宓世森每次均參與作業，在決審會上，別看這幾位評審委員平日在一起說笑自如，到了這場合，恐怕就像評審博、碩士生口試一般，一個個坐姿端莊，面容肅穆，認真得不得了。單看這陣勢，評審出來的作品，怎麼會不好呢？「李國鼎通俗科學寫作獎」共辦七屆，第一屆還蒙年高德劭的李國鼎先生親自上台頒獎。

林孝信於八十年九月，應邀參加社務會時，曾表達返國服務的意願。對此，董事會與社務委員會均開會予以討論，一直沒有具體結論，但基本上，所有與會者都表示歡迎。直到八十一年十月，在董事會與社務委員會聯席會議上，才達成共識，決議：林孝信出任執行長案緩議。

年底，第三屆董事會改選成立，張昭鼎續任董事長，董事為王亢沛、何壽川、李國偉、周成功、姜善鑫、馬志欽、劉源俊、劉廣定。董事會決議聘張昭鼎為科學月刊社社長、袁家元為科技報導雜誌社社長、張之傑出版部社長並具名科技報導雜誌社發行人。董事會另一決議，籌設「科學通文化企業股份有限公司」以應未來需要。公司採股東制，設董事會。因公務員不得經營企業之限制，由劉源俊、毛玉麟、宓世森、袁家元、張之傑等組成，各成員另以書面聲明拋棄持股，捐作科學月刊社基金。又決議以「科學通文化企業股份有限公司」名義，購置位於台北市新生南路三段某巷一號四樓房舍，作爲擴展業務使用。此一房舍的費用，係由代編印「重點科學簡介叢書」的收益，及《科技報導》廣告收入共同支付。（該房舍後來因未予妥善適當使用，曾短期出租，終因虧損擴大而賣出）。

八十二年一月八、九日，舉辦「第一屆民間科技研討會」，由曾憲政全程規劃，備極辛勞。

八十二年四月二十四日，科學月刊社響起驚天霹靂，社長張昭鼎先生以氣喘病突發，急救無效去世。

張昭鼎先生對《科學月刊》貢獻極多。許多義務參與者，可說是都因張昭鼎的精神感召而參與，寫稿、審稿、設計各種相關活動、自掏腰包爲推廣科月奔走，還繳納贊助年費……這一切一切，張昭鼎看在眼裏，心裡無限感奮。宓世森常去設於台大校園的中研院原分所，有時爲公務請示，有時純爲請益。張昭鼎總視爲上賓、老友，奉上熱茶一盞或咖啡一杯，先說些閒話，轉入科月公務時，總耐心聽，然後思考一番，作必要指示，舒一口氣說：

「辛苦你了。」

「沒什麼，是大家的貢獻。」宓世森說。

張昭鼎再舒一口氣，說：「多虧有大家幫忙。」

這「大家」，指的是所有參與者。

張昭鼎的喪禮備極哀榮。《科學月刊》後來得到「張昭鼎紀念基金會」支持，每年四月都會辦一場由《科學月刊》策劃的「紀念張昭鼎學術研討會」。（八十三年四月二十四日張昭鼎忌日，在台大思亮館舉辦「紀念張昭鼎學術研討會」，氣氛熱烈、肅穆。）

八、

爲不因張昭鼎去世而中斷作業，科月義工群立刻進行經營者改選，由劉源俊當選科學月刊社社長，王亢沛當選基金會董事長。社務委員會也進行改選，當選的有劉源俊（社長），姜善鑫（社務副社長），周延鑫（總編輯），魏哲和（社團副社長），牟中原、洪萬生、周成功、張之傑、江才健、李國偉、林孝信、高涌泉、黃秉鈞、曾憲政、郭允文，共十五名。

八十二年十月，一群張昭鼎生前的商界朋友，應王亢沛、劉源俊邀請會面，答允每年捐助四百本《科學月刊》印製與郵遞費，寄贈大陸各地第一中學。此案一直持續到九十一年中止。

時屆八十三年，科學月刊社會員人數已達三百七十四人，三月十九日召開會員大會，請李遠哲院長演講：談民間科學社群。社務會開始規劃第三屆民間科技研討會，確定以「台灣基礎科學的現況與發展」爲研討主題。（後改爲「台灣基礎科學的困境與挑戰」）

七月，社務委員會改組，劉源俊續任社長，周延鑫爲社務副社長，曾憲政爲社團副社長，郭中一兼任總編輯，程樹德爲教育委員會召集委員、魏慶榮爲學術委員會召集委員，張之傑爲出版委員會召集委員、吳茂昆爲科技發展委員會召集委員，委員牟中原、李國偉、周成功、高涌泉、洪萬生、姜善鑫、郭允文等共十五人。

八十四年一月《科學月刊》二十五周年，改版爲菊版八開，並增加篇幅爲八八頁（原八十頁）另增套色頁。以示慶祝。四月十一日《聯合報》刊出李彥甫撰文：「科學幫，熱情不減二十五年」一文。

林孝信返國服務後，一直南北弄走，協助各地社區大學的創設，並參與「中華民國通識教育學會」做義工，曾促成《科學月刊》與「通識教育學會」，及「清大通識中心」合辦「通識教育教師研習營」。協助科學月刊社參與外界活動。

四月，「第三屆民間科技研討會」圓滿舉辦。

科學月刊社組織調整，改以「理事會」方式運作，並由王亢沛、劉廣定（代表董事會），周延鑫、洪萬生、劉源俊（代表科學月刊社）五位，組成科學月刊社理事會第一屆理事候選人提名小組，提名候選人名單如下：

王道還、江才健、牟中原、李育嘉、李國偉、周成功、周昌弘、周延鑫、吳育雅、吳茂昆、吳嘉麗、林宜宏、林孝信、林麗華、姜善鑫、洪裕宏、洪萬生、徐明達、陳文屏、張之傑、張宗仁、郭中一、黃秉鈞、曾志朗、曾惠中、劉源俊、駱尚廉、韓尙平、魏慶榮、羅時成。

經會員行使通訊投票，選出任期三年的第一屆理事周成功、劉源俊、牟中原、李國偉、江才健，任期二年的第一屆理事林孝信、洪萬生、郭中一、周延鑫、曾志朗，任期一年的第一屆理事吳育雅、韓尙平、姜善鑫、周昌弘、張之傑，另有吳茂昆、林麗華、駱尙廉、魏慶榮、羅時成爲任期一年的第一屆候補理事。第一屆理事會有八十四年七月一日至八十七年六月三十日，每兩個月開會一次。董事會核聘劉源俊爲第一屆理事會理事長，任期兩年，自八十四年七月的日至八十六年六月三十日。

八十四年八月召開第一次理事會議，劉源俊提名周成功爲副理事長、郭中一爲總編輯，均經董事會核備。

八十五年一月，董事會決議，科學月刊社原則上朝著專任總經理及總編輯制這一方面發展，以建立多元與永續經營的架構。會議並同意理事會聘用蔡彥欣爲總經理。

二月，第三屆董事會改選，第四屆董事爲：劉廣定（董事長）、王亢沛、何壽川、周延鑫、姜善鑫、郭中一、曾憲政、劉康克、劉源俊。

王亢沛在爲《科學月刊》作了多重貢獻後，因榮任東海大學校長，而退居第二線，對此，義工群均深感遺憾。

在自述中，王亢沛寫道：

「八十五年二月，我因東海大學校務繁忙，很難對基金會有所貢獻，懇辭董事長職務，留任董事。直到九十三年八月，我卸下東海大學校長職務時，決定同時從科月『退休』，不再擔任董事。」

「我和科學月刊結緣已有三十七年，其間最令我快慰的莫過於結識一些志同道合的朋友，其中不乏讓我見賢思齊的人；清華大學李怡嚴就是其一。參加科學月刊之前，我們已經認識，當時他已經是知名度高的年青學者，給我的印象是衣著樸素、苦幹實幹、熱誠執著，十分純真的人。六十年八月我加入科學月刊時，他是科學出版事業基金會的董事長。那時科月處境十分嚴峻，將科月重心從海外移轉國內，是別無選擇的脫困做法。執行掌舵的責任自然落在董事長肩上。怡嚴兄是位無私肯奉獻的人，記得當科月遭遇難題時，他常會說：「這事讓我試著解決……」。就憑著這樣無私忘我的精神，帶領科月走出第一次危機。

以後，科月還遭遇到好幾次財務和經營的危機，所幸能及時得到奧援。自始一直守護著科學月刊的朋友像劉源俊、劉廣定、周成功、辛鬱（即宓世森）……還有不幸過世的張昭鼎等，都功不可沒，令人欽佩。

科學月刊是一個自由、鬆散、理想性很高的團體，藉著共同的理想，將一群背景不同、專業不同的人凝聚在一起。回顧四十年來的表現，除了定期出版科學月刊，不定期出版叢書外，對於教育、科技研究與發展相關的重要議題，舉辦過多次座談會、討論會以及民間科技會議，向政府、社會提出批評和建議。這些努力究竟產生什麼效果，有待日後檢驗；但個人的看法是「效果有限」。

記得在六十一年七月二十九日下午，科月在中國大飯店八樓舉辦第一次座談會，題目是「中學科學教育現況與未來」。（刊登於六十一年九月號科學月刊）

那天有五十多人熱烈參與討論，歷時三個多小時才結束。座談會由我主持，結語時曾引用美國民權運動領袖馬丁·路德·金恩的著名演講：「我有一個夢」與大家共勉。相信中學科學教育所面臨的種種困難，在大家共同努力下，終究會一一克服，獲得改善。四十年過去了，美國已選出非裔的歐巴馬任總統，金恩的夢已部份成真，而我們的科學教育呢？除了有新問題，我們仍然在老問題上打轉，真的令人感慨。

但話說回來，讓我們往樂觀處想，一個像科學月刊這樣鬆散的團體，能維持四十年而不墜並且仍然保持活躍就是奇蹟；我們應該感到慶幸與鼓舞。說不定有一天，當時空背景對的時候，一個可能撼動人心的議題，又能將「科月人」凝聚在一起成就一件大事。

過去四十年，不論從事什麼工作，我幾乎沒有偏離科學月刊的宗旨。除了教學、研究以及教育行政，我的興趣包括閱讀、散步、聽古典音樂和旅遊。邊閱讀邊喝咖啡以及在台大或東海校園裡散步是我最大的樂趣。目前我正在整理固態物理的教學講義，希望能把它寫成一本書出版。

王亢沛的肺腑之言令人感動，更令人深思。科月確是一個自由、鬆散的團體，也因爲如此才得以生存。幾年來，組織章程、經營管理辦法、作業規則乃至募捐辦法等等，訂定了許多次，也修訂了許多次。而今，又進入以劉廣定與劉源俊合作主導的階段。

九、

劉廣定召開第四屆董事會第一次會議，討論決議由總經理蔡彥欣籌組「諾貝爾科學文化教育中心」，提款基金二五〇萬元投資該中心，持股比例爲總資金的百分之五十，另百分之五十宜開放給會友投資。中心營運主旨爲中小學科學研習活動及社會科學教育，並對外開放經營，但嚴格要求與補習班區隔；此一投資決定後來因各種因素而失敗。

程樹德進入科學月刊理事會，並熱心推動在陽明大學舉辦的夏、冬令兒童科學營多次，爲科月社增加不少本業外收入。

時序邁入八十六年，一月周成功代表理事會出席董事會，提出關係到未來發展的「社團獨立運作，董事會專業經營」的臨時動議。由於事關重大變革，經熱烈討論，決議先由周成功就基金會章程、科學月刊社章程，研拟分權後的兩個章程草案，再成立一個小組研究討論、修訂完稿分別提請會員大會及基金會董事會討論定案。

此案立意正確，但執行上困難重重，最主要的因素有二：第一人事流動性大，經營難趨穩定；第二財務不穩定，勢必形成「刊物出版」與「社團活動」孰重孰輕問題。因此，經過多次討論，也請會員表達意見，始終得不到共同看法，特別是企業化經營、專任總編輯與專任總經理問題，看似達成共識，真正推動起來卻窒礙難行。到八月理事會改組，周延鑫當選第二屆理事會理事長，此案終告中止。

十二月，羅時成接任編輯委員會召集人兼總編輯。

八十七年一月，江建勳、張之傑二位獲選第四屆董事會董事，遞補郭中一、劉康克辭職的缺額。董事會開會，對「諾貝爾科學教育文化中心」經營狀況表示關切。七月，董事會推選劉廣定、周延鑫、張之傑、羅時成、程樹德五位爲科學月刊三十周年慶祝活動籌備小組成員。

八月，蔡彥欣辭總經理一職，程樹德（時任副理事長）與蔡彥欣洽商以後辦理青少年或兒童科學營，有關權益分配與作業協調問題，以及董事會投資利益保障問題。

理事會改組，由洪裕宏、郭允文、劉仲康、劉源俊、蔡聰明（以上任期三年，自八十七年七月至九十年六月），曾志朗、林孝信、周延鑫、洪萬生、郭中一（以上任期二年，自八十七年七月至八十九年六月）林基興、吳育雅、張之傑、程樹德、周昌弘（以上任期一年，自八十七年七月至八十八年六月），理事長周延鑫，副理事長程樹德。

羅時成辭總編輯，由程樹德代理。

八十八年一月，宓世森自科月退休，改以顧問名義，協辦部分業務。三月，終止與「諾貝爾科學教育文化中心」的合作。五月，李國偉、周成功、周延鑫、劉源俊、劉廣定等參與聯合報辦理的「五四運動八十周年討論會」，討論記錄於五月四日在「聯合報」刊載；此一活動作爲慶祝科學月刊三十周年活動之一。同時，亦爲三十周年慶祝活動之一的「科學演講團」，正式啓動。

八十八年七月，第四屆董事會任滿，第五屆董事會組成如下，董事長劉源俊，董事王亢沛、周延鑫、張之傑、陳正義、黃啓穎、曾志朗、蔡聰明、劉廣定。

劉廣定在第四屆董事會董事長任內爲《科學月刊》的永續經營，必須有寬裕的財源，可說是竭盡思慮，多方設法，因而有熱烈的「分權」議案的討論及推動，以及投資「諾貝爾科學教育文化中心」的措施，雖然結果未臻完美與理想，但嘗試一做的精神，實在難能可貴。劉廣定至今一直熱心參與活動，勤於寫稿支持，仍是站在第一線的鬥士。他是六十年初夏，經張昭鼎邀約參加編委會，才成爲科月的一員。

十、

繼第五屆董事會改組成立，第三屆理事會也於八十八年七月改組完成。由羅時成任理事長，理事何鎮揚、林基興、張之傑、魏輝揮（以上任期三年，自八十八年七月至九十一年六月），洪裕宏、郭允文、劉仲康、蔡聰明、周昌弘（以上任期二年，自八十八年七月至八十九年六月），曾志朗、林孝信、周延鑫、洪萬生、郭中一（上以任期一年，自八十八年七月至八十九年六月）。理事會聘請程樹德爲總編輯。

科學月刊創刊三十周慶祝活動，決定在陽明大學舉辦，由羅時成（主導）、劉源俊、劉廣定、程樹德、張之傑等五位組成籌備作業小組。

科學月刊創刊三十周年慶祝活動，於八十九年一月八日在陽明大學活動中心學辦，活動項目包括請李遠哲院長演講、頒贈紀念獎牌給熱心贊助的企業界人士、科學月刊資深及貢獻卓著會友、聚餐、幻燈放映、書展等，對外由羅時成策畫並協調出版（天下出版公司）的諾貝爾獎得獎者叢書（三冊）、「科學演講團」、參與「紀念五四運動八十周年」討論會等活動，適時予以配合。

科學月刊三十年光碟版，由「大人物出版公司」製作出版。

由張之傑為執行委員，繼續積極爭取開辦社區大學。（第一次爭取未成）。

九十年四月董事曾志朗、蔡聰明請辭，由羅時成、姜善鑫遞補。

羅時成領隊，於九十年七月十五日至二十三日，率同學員十二名，遠赴北京，參加「古生物研習營」活動。

科學月刊社理事會為強化功能，修訂章程經會員多數同意，將理事名額由十五人逐年改為九人，並自九十二年七月完成改組後施行。理事長羅時成請辭，由洪裕宏代理。

九十一年一月，程樹德為科學月刊規劃的十二場「大師演講系列」，自一月起在國家圖書館舉辦，首批演講人為李遠哲、陳定信、陳建仁、徐明達、沈哲鯤、鄭天佑、黃崑巖等。

七月，理事會完成初步改組，洪裕宏任理事長，理事江建勳、林孝信、林基興、林照雄、吳育雅、周延鑫、陳章波、陳國成、張之傑、羅時成共十一名。理事會聘請張之傑為總編輯。程樹德功成身不退，回學校後又多次協助林照雄辦理兒童夏、冬營活動，以及與大陸福建科普及科研界交流事宜。

羅時成雖然卸下理事長職務，但仍擔董事與理事，多方協助辦理各項活動，尤其對歷年「紀念張昭鼎學術研討會」方面，從參與研討主題規劃到補助經費申請，都鼎力協辦。他在自述中寫道：

「科學月刊創刊那年，我是台師大生物系四年級生，正面臨畢業及分發任教。大約是在三、四月份，從同學那兒借來翻閱，才知道台灣有這麼一本令人興奮的科普刊物。

大學畢業後在民權國中任教二年，其中一年服兵役後，先後到美國蘇必略城及底特律市唸書，再也沒機會看到科學月刊。直到六十七（一九七八）年，韋恩大學物理系教授郭保光，介紹認識科月創辦人林孝信，他在寒舍住了一宿，徹夜傾談保鈞和科月，對科月的發行目的才深入了解。

六十九（一九八〇）年學成，到陽明醫學院任教。年底我博士論文指導教授之一鄭志清到日本參加學術會議，順道來台北訪問中研院生化所羅銅壁、王光燦等先生，並作學習演講，當晚餐會中與周成功相鄰而坐，這是我與科學月刊結緣的一夜。

隔年，周成功由中研院轉任榮總醫研部，彼此互動增加。有天周成功邀我與張仲明參加科月餐會，遇到一些科月前輩，相談甚歡，覺得這個活動很有意義。之後開始替科月撰稿、審稿，並參與科月在文復會舉辦的演講。大約在七十三年左右，科月籌辦暑期科學營，讓剛考取高中的國三生，有機會學習到課本外的科學。生物這一學門的課程找我設計規劃，於是我找了幾位老師商量後，分堂到台大上課，效果良好。之後幾年暑假，上課改在陽明，增加了實驗項目，學生學習情緒倍增。

當時的社長劉源俊，有天打電話問我有沒有興趣替公共電視主持一個青少年科普節目，我一口答應。在光啓社負責製作下錄了三季的「爲什麼？」，共三十八集，在中視頻道播放了將近一年，收視率在那個時期是三台中最高的。播放期間上街，或在百貨公司，都會被一些小朋友或家長認出是主持「爲什麼？」的羅老師。

真正直接參與科月經營，是在八七年擔任總編輯開始，當時最希望完成的任務是讓科學月刊準時出版，後因發現心律不整，辭總編輯並推請由程樹德代理。八十八年在心律不整毛病經作心導管手術，及電腦掃描均無法確知結果，只得服藥以防發作或惡化的情況下，經科學月刊社理事會選為理事長，接任後即籌辦科月三十周年慶，次年一月八日在陽明圓滿舉行。

理事長任內，作了兩件事。其一與「大人物出版公司」合作將科月第一期至三六〇期，完成數位化。由於當時科月財務狀況不佳，無法提供資產與「大人物公司」合辦，認為經由「大人物公司」光碟版大量傳播各個學校，不失為一種再度利用推廣的目的。怎知後來「大人物公司」因利違約，造成不愉快的下場。另一為與「天下文化出版社」合作，將科月每年刊登有關諾貝爾獎的文章結集出版，發行三本《諾貝爾的榮耀》——化學桂冠、物理桂冠和生理醫學桂冠，這三本書算是暢銷書，增加了讀者群，每年付予科月的版稅不無小補。

九十年理事程樹德籌劃，推動與北京古脊椎動物及人類研究所（北古所），合辦「海峽兩岸大學生考古營」，其目的在提供台灣對古生物有興趣的大學生，可經過上課及親自挖掘化石，了解古生物學的奧妙。此活動意義深遠，但無法每年舉辦因此與「北古所」相約兩年辦一次。九十二年因遇 SARS 風暴停辦，九十三年舉辦第二屆，九十五年第三屆及九十七年第四屆，成爲科月與北古所長期合作的科普活動。

科月是個鬆散的團體，社務營運近年來深受社會經濟起伏的影響，年年虧損，同時網路資訊發達，紙本科月的功能漸失，我曾認爲四十周年應思考退場機制，將科月的招牌轉移給財團或知名出版社，使科月的發行不至於停擺，甚至可以發揚光大。

羅時成在科學月刊最近十年的義務參與者群中，與劉源俊、劉廣定、程樹德、張之傑、周延鑫、江建勳、林孝信、王文竹、林基興等，無疑是奉獻最多的幾位。作爲一個參與者，又是一個基層的工作者，宓世森常以一個旁觀者的立場，清楚的看到這幾位先生，對科月的全心關懷與投入。當然，在歷屆基金會董事會與科學月刊社理事會中，每一位董事或理事（包括早期的社務委員），也都是科學月刊能夠維持品質不變、在艱困中按期出版的力量來源。

九十一年七月董事會同時改組，董事王文竹、周延鑫、洪裕宏、姜善鑫、黃啓穎、曾志朗、劉源俊、劉廣定、羅時成九位共組第六屆董事會，推選周延鑫爲董事長。

九十二年四月，適逢張昭鼎先生去世十周年，科學月刊社與張昭鼎紀念基金會，在台大「思亮館」，以「科學教育」爲主題，擴大舉辦「紀念張昭鼎學術研討會」。

七月，科學月刊社理事會完全改組，並自本第五屆起，理事名額明定爲九名，任期三年，一次改選，連選可連任，原則希望有三名新人參與，以達新陳代謝目標。本屆理事爲：江建勳、吳育雅、林基興、林照雄、洪裕宏、倪簡白、張之傑、陳國成、羅時成。洪裕宏爲理事長，任期一年，任滿改選。

由張之傑策劃推動的「科普寫作班」，正式啓動，以後曾續辦一次。

基金會主管單位台北市政府新聞處，因政府整頓各基金會之性質及其歸屬，便於管理，將本會劃歸台北市政府教育局。今獲教育局函，謂《科學月刊》訂有售價，不合基金會不應有商業行爲規定，須別以合乎規定之名稱，取代「科學出版事業」字眼，以符法規。事涉本會存在與否，經董事會多次研商，決定先致函台北市教育局申覆，並盼進一步裁示，以憑辦理更名或維持原狀。

「大人物」製作科學月刊三十年電子版，未符科學月社利益，除向該機構爭取外，並申明保留三十一卷後版權利益。

九十三年七月林基興接任理事長，任後第一件工作，是推動定期與台北市各公私立高中自然科教師及同學，進行交流。

九十四年一月，在陽明大學舉辦由林照雄策劃的：「高中生生物科學營」。

四月，首次在中學——北一女中舉辦「紀念張昭鼎學術研討會」，主題爲：「配合國際物理年，紀念愛因斯坦發表五篇重要物理論文一百周年，檢討我國的數學與物理教育」。

七月，勞基法實行新制，本單位經評估後，決定採新、舊合一方式申報。

九十五年一月，基金會組織改制案，迄今擱置。

七月，理事會改組，選出江建勳、林基興、洪萬生、倪簡白、張之傑、程一駿、曾耀寰、景鴻鑫、羅時成等九位爲第六屆理事會理事（任期自九十五年七月至九十八年六月），推選林基興爲理事長兼總編輯。

因捐助人停止捐助，自下月起中止對中國大陸重點大學與高中按期寄贈《科學月刊》，並在七月號月刊附函說明。

第六屆董事會任期屆滿，經選出王文竹、李國偉、林基興、周延鑫、高涌泉、曾志朗、劉源俊、劉廣定、羅時成等九位爲第七屆董事會董事，並推選劉源俊爲董事長（任期自九十五年七月至九十八年六月）。

張之傑卸任總編輯，仍留任理事與編委，以示對科學月刊的繼續奉獻。他是一位謙謙君子，多才多藝，曾出版文學創作多本，在科普領域，更是一位積極的推廣者。在科學月刊總編輯任內，他導正了爲讀者不滿的延誤出刊日期的弊病，同時也拓寬了稿源。他在自述中說：

「我是六十四年參加科月的，說來話長。」

我大學讀師大生物系，功課平平，教科書與筆記平時放在系圖書館，只有期中、期末考才帶回家，平時帶回家的都是借自圖書館的文史哲。

畢業後到中學試教一年、服役一年，和同學劉正民報考台大醫學院生理研究所，都沒考上（只取一名）。當時我們以爲能考的研究所只有台大和文化，文化我們不想考。一天劉正民對我說：『國防醫學院也有研究所。』考的科目和台大一樣。為了避免競爭，正民考生理組，我考生物形態組。就這樣，我成爲國防醫學院生物形態組的研究生。

當時研究生人數很少，一屆頂多二人。在生形系讀了兩年（五八—六〇），留校當了一年助教、三年講師。這期間強化了生物學素養，特別是研究生的兩年，心無旁騖的讀了兩年生物學基本課程。任教的四年，對組織學下的功夫甚深。後來我沒走上專業生物學家的路，並非對生物學沒興趣，或學得不夠好，而是厭惡那個環境。

……………………

學校規定，助教、講師不能獨立做研究，而我又不願跟隨主任做研究，就把精神用在教學上，成爲全系最認真教學的一位老師。但教學不受重視，發表論文才受重視，我不能擇善固執，爲之苦惱不已。……六十四年夏某一天我下定決心提出辭呈，主任不准，僵持了約一個月，他把我叫去，他那氣急敗壞的神情至今記憶猶新。

「我告訴你！」主任氣得發抖，用菸斗猛敲桌子：「你是學生物的，除了教書、研究，還能做什麼？你以後別想在生物、醫學界混！」

就這樣，我走出實驗室，憑著自己的能力，做了很多事。……我經石育民、石資民兄弟兩位介紹，認識當時科月總編輯劉源俊，六十四年九月到科月任副總編輯。遠在求真社時，我就是社員。科月創辦，我立刻成爲訂戶。對於科月的理想主義心嚮往之，是我參與的主因。我到科月時，劉源俊的認真態度讓我印象深刻，他沒課時幾乎都在科月，一坐下就很少離開位子。遇到不佳的稿子，就爲之改寫或重譯。他太太生女兒那天，他是在電話中得知有女兒的消息。他比我小兩歲，卻讓我學到很好的榜樣。

我在科月任副總編階段，發現劉廣定兄在文史上的造詣令我心服。沈君山的才情和風度，自忖無法和他相比；他是我唯一真正佩服的「科月人」。

六十七年春我離開科月，先後在環華、科教館、錦繡、圓神等機構服務，每處都很受禮遇，給予我充分發揮的機會。

九十一年七月，錦繡出版公司歇業，恰在此時，科月總編輯程樹德任期屆滿，理事會開會討論繼任人選，我自動請纓。數日後，漢光、圓神兩出版公司找我負責編務。我對漢光宋先生、圓神簡先生說，已答應科月，不能到他們那裏專任了。在科月兩年，我在圓神不能拿全薪，兩年之間損失約在一百萬元。但我亦有收穫，與一些編委成爲好友，同時實實在在爲科月做了些事。

科月之所以能夠存在四十年，當與結構鬆散，無意亦無力進取的小國寡民做法有關。

科月四十周年後，最大隱憂是核心人物年事漸長……所以科月必須年輕化，從編委年輕化到理事、董事年輕化，三者環環相扣，其結構才能健全、堅固。」

張之傑也一再強調，他對推廣科普已是一生職志，對小說創作則是長期興趣，所以他不會放棄。祝願他儘管漸將步入老境，卻能永保心理的年輕，在推廣科普與小說創作兩方面，均有大收穫。

九十六年四月，理事會同意與「文碩」公司合作，開發高中高職學生訂戶，並簽訂爲期一年的合約。

七月，江建勳理事促成，世新大學通識教育四年計劃與科學月刊合作部份，由世新撥付經費十萬元。

九十七年五月，科學月刊內頁全部換用輕銅版紙。

元智大學科學教育中心，購買過期科學月刊九千三百本，四五九期科學月刊三千七百本。本擬簽訂合作計劃，後告中止。

十一月，大陸福建省在福州市舉辦「首屆海峽兩岸科普研討會」，科月有羅時成、劉廣定、程樹德、江建勳、張之傑等五位提出論文。在此之前，四月間元智大學五位教授，與科月六位（包括董事王文竹，理事江建勳、倪簡白、張之傑、程樹德、景鴻鑫），均已登陸宣揚台灣科普教育的成就。

九十八年一月，慶祝科學月刊創刊四十周年籌備委員會組成，推舉林孝信為召集委員，積極聯繫各方，籌募經費及支持單位。

林基興規劃九十八年一至十二月科學月刊，每期刊出專文，期許或祝願科月四十周年，兩篇專文分由學者專家（包括科月參與者）十位大學同學、兩位高中同學撰寫。

七月，第七屆董事會任期屆滿改選，第八屆董事為王文竹、林基興、高涌泉、陳健邦、黃榮村、趙丰、劉源俊、劉廣定、羅時成等九位，劉源俊續任董事長，任期自九十八年七月至一〇一年六月。

同月，第六屆理事會任期屆滿改選，第七屆理事爲江建勳、林基興、倪簡白、張之傑、張大釗、程一駿、曾耀寰、景鴻鑫、羅時成等九位，林基興續任理事長兼總編輯，任期自九十八年七月至一〇一年六月。

六月，理事會接獲林孝信提出的書面文件，內容爲科學月刊四十周年慶祝活動「籌備構想及概要」，經討論後作成決議，委請林孝信全面執行。

九月十九日科學月刊四十周年第一項慶祝活動，《科學月刊》懷胎（第〇期出刊四十周年）紀念茶會，在師範大學合作支持下於師大分部熱烈舉辦，有接近三百來賓參加。

十二月，林孝信訂定慶祝《科學月刊》四十周年全部活動內容。

在結束這篇有關《科學月刊》人、事的雜文前，有兩位熱心參與的義工，一位是這幾年肩負重任，備極辛勞，身爲科學月刊社理事會理事長兼總編輯的林基興，另一位是長期擔任義工的江建勳，懇切的表達出心聲。以下就是兩位的自述。

江建勳說：「上次在紀念科月的創辦三十五周年的文章中提及：歷年科月編委會的委員，許多都成了學界的大老。如今更不得了，還包括政府領導人（呼應李國偉兄大文）不過這些並非特別了不起，存亡絕續才是科月的頭等大事。

我沒有寫日記的習慣，也因此只能在此談些村野舊事。記得大概是民國六十三年開始接觸科月，想當年張之傑、曾惠中、吳惠國與江建勳多麼年輕，英姿煥發，充滿理想，懷抱不想出國，不必出國也能作大事的心意（當時正處於來來來！來台大，去去去！去留學的偉大風潮中）。想不到十幾年後最終還是出了國，而且才能後續吃飯的問題。如今搭車平日其貌不善的司機先生居然自動以半票相待，雖不甘心言老卻享半價之資，實受滿頭白髮之累。

最初參與科月編委會之餘還兼攝影作品，當年只有黑白作品，且底片深埋群書之間無法快速發掘，早年諸君子的青年影像應有保存，當待有心人為科月作傳時無償提供。其實科月最值得佩服的應是歷任總編輯，不論任事時間長短，總有個人熱情相與。其次為長期參與實際事務者，不論編務或勞務，均有功勞。在關鍵期科月都得邀請這些君子共聚一堂，共享「榮華富貴」。比較不解的是仍有平日未曾參與實務，慶典時高坐上位，誇誇而談。這幾年參與理事會運作，每次審查預算皆呈現赤字滿紙，不免令人心驚！還好有一次董事長劉源俊兄打包票，要大家免驚。

在此要說說兩件事：一爲九十七年十一月，大陸福建省「科普」單位在福州市舉辦「首屆海峽兩岸科普研討會」，科月君子寫論文者有羅時成、劉廣定、程樹德、張之傑、江建勳等五人。其實早在該年四月，元智大學五位教授及科月六位同仁（王文竹、江建勳、倪簡白、程樹德、張之傑、景鴻鑫），已相偕登陸，宣揚台灣科普教育成就，且暢遊武夷山九曲溪乘竹筏漂流。平心而論，大陸科普程度與台灣相比尚差一截。另一事與個人有關，話說九十四年世新大學榮獲教育部卓越教學獎，擬新成立一門「科普經典導讀學程」，經我穿針引線與科學月刊社達成合作計劃，由科月推薦六位教授負責六門基礎科學課程講學，包括物理、化學、數學、生物、工程及中國科技史。世新大學同意每年支援科月若干事務經費，以示支持與謝意。以當年而言，是項計劃足以顯示世新大學確具遠見，深知科普教育是十分重要的一個領域，而該經費也對科月不無小補。」

林基興說：「我高中時好奇心重，對科學興趣濃。大概五十八年九月吧？聽說《科學月刊》要創刊了，就跑去湊熱鬧，從熱心的年輕義工手中拿書籤（上印第〇期封面圖）和訂閱單等文宣品，然後在校內分發。印象中，第一次參與的活動是台北市植物園內科學館演講；現場也有年輕義工操勞。

上大學後，也幫忙推薦，後來忙碌他事，就疏遠了。八十年回國後，寫信表達加盟意願，當時總編輯周延鑫兄寫了一封文情並茂的信回覆我，讓我很感動，以後即儘量參與。在各場合中遇到義工們，他們奉獻的理念令人佩服；例如爲了挽救刊物的財務危機，大家捐錢或借錢。最近獲悉，創辦人林孝信當年在美國號召各地留美學人和學子時，搭灰狗巴士，在車上吃土司塡腹；這是個壯志擎天的典範。一步一腳印，爲科學救國而吃苦耐勞的奮鬥。

有些科月同仁了解其他科普刊物（均爲商業）運作情形，認爲科學月刊的「自由來去」運作方式，在今天競爭激烈下，凸顯出效率差的窘境。我到各地找人幫忙或推廣刊物時，表明這是爲「公益」立場，希望有人「道義相挺」。但總是會有人談到科月的經營模式，特別是年輕人認同等問題。這令我一再想：科學月刊的經營模式能以永續嗎？我們看看其他相似組織，例如「消基會」，它也是對民眾「動之以情」的單位，爲何能存活？」

四十年的《科學月刊》，四十年來的人、事變遷，在這本小書上是說不清道不盡的，它只是皮相的記錄，疏漏錯失在所難免。特別是書中人物，都只作簡化寫照。例如對劉源俊，他是科學月刊社多年來的核心，實實在在的做事態度，爲不少同仁佩服，而在書中，對他的敘述除擔任職務外，多未細說詳述。

此外，有很多事，均引用自四十年大事記，文字簡省，以至未能將某事某活動或某變遷的前因後果，作較多敘寫，讀來必然苦燥無味。

文中引用多位參與者的自述，間有刪節，務請寬諒。有些核心參與者，則無回覆筆者的提問，請恕在文中較少敘寫。

最後要借此特別感謝近二十年來，對我協助良多的業務部李金穗小姐、張佩珍小姐，編輯部吳松春先生、姜泉先生；他們才是這盞跑馬燈中的一根根小小支柱。